包袋效果图

手绘表现技法

王妮 著

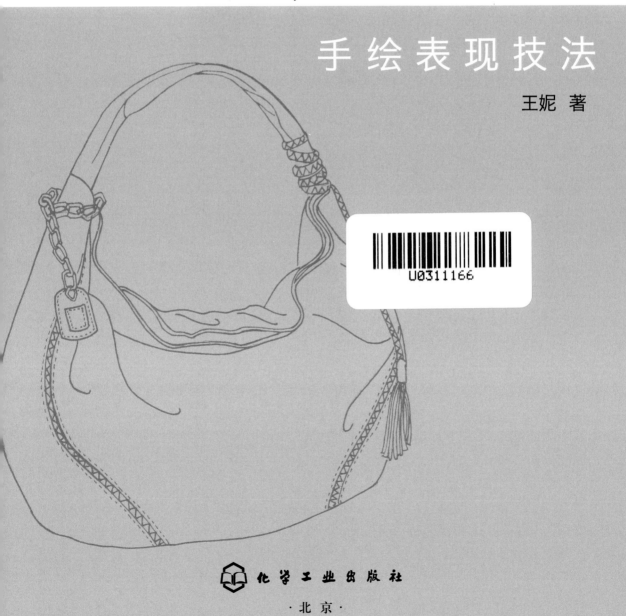

U0311166

化学工业出版社

·北京·

本书从包袋的手绘表现技法切入，循序渐进地讲述了手绘包袋效果图的必备知识和技能，内容包含包袋效果图概论、包袋效果图绘制工具、包袋效果图绘制形式美、包袋面料质感表现技法、包袋流行面料与风格绘制技法。全书针对包袋的不同材质、不同分类、不同图案与色彩等设计要素的手绘表现进行了详细的步骤展示，使读者能够在短时间内运用熟练的工具完成包袋的手绘设计稿。

本书图文并茂，步骤清晰，指导明确。不仅可以作为专业服装院校中配件效果图表现的教学用书，也可以作为包袋设计从业者及爱好者的参考资料。

图书在版编目（CIP）数据

包袋效果图手绘表现技法/ 王妮著. — 北京：化学工业出版社，2015.2
ISBN 978-7-122-20964-1

Ⅰ.①包… Ⅱ.①王… Ⅲ.①箱包－ 设计－绘画技法 Ⅳ.①TS563.4

中国版本图书馆CIP数据核字(2014)第129202号

责任编辑：李彦芳　　　　　　　　　装帧设计： 知天下
责任校对：王素琴

出版发行：化学工业出版社(北京市东城区青年湖南街13号　邮政编码 100011)
印　　装：北京科印技术咨询服务有限公司数码印刷分部
889mm×1194 mm 1/16　印张7　字数150千字　2015年2月第1版第1次印刷

购书咨询：010-64518888　　　　　　售后服务：010-64518899
网　　址：http://www.cip.com.cn
凡购买本书，如有缺损质量问题，本社销售中心负责调换。

定　　价：39.80元

前　言

随着社会的发展，人们对于包袋的设计越来越重视。"包"与"袋"的分类很多，仅从不同的使用人群和不同的使用性能上就有多种划分类别。例如可分为女士用包、男士用包、儿童用包等；或休闲用包、职业用包、宴会用包等。包袋在人们日常的服饰搭配当中起着非常重要的作用。

尽管目前对于电脑软件的绘图表现受到了很多人的追捧，但对于包袋设计手绘表现的方式还是受到了很多包袋设计爱好者的青睐。当设计师脑海中突然出现一个很好的设计灵感或设计构思时，如果拥有良好的绘画基础和对包袋结构的基本认识，就能够快速、流畅地表现出自己所想要获取的设计草图。同时，针对包袋的不同材质、不同分类、不同图案与色彩等因素能够在短时间内运用熟练的工具完成设计稿，这是一件非常令人激动的事情。

由于包袋的品种分类有很多，因此，本书从包袋的手绘表现技法开始着手，循序渐进讲述包袋手绘技法的各个知识点。第一章是包袋效果图概论，第二章是包袋效果图绘制工具，第三章是包袋效果图绘制形式美、第四章是包袋面料质感表现技法，第五章是包袋流行面料与风格绘制技法。

本书图文并茂，步骤清晰，指导明确。不仅可以作为专业服装院校中配件效果图表现的教学用书，也可以作为包袋设计从业者及爱好者的参考资料。本书的完成要非常感谢武汉纺织大学服装学院王心悦、刘思博、李月，以及艺术学院染织实验室的指导老师对书中文字与插图整理工作所付出的辛勤工作。

本书是 2013 年度武汉纺织大学基金项目，湖北地区非物质文化遗产——湖北天门蓝印花布的传承与保护（项目编号 133177）的研究成果。本书不足之处，还请读者指正。

王妮

2014. 11

目 录

第一章

包袋效果图概论

第一节　关于包袋

日常生活中常见的包袋品种十分繁多，例如有女包、男包、儿童包等。这些不同品种的包袋又被按照功能和使用场合的不同分为不同的用途。例如有背包、挎包、拎包（图 1-1）、腰包、公文包、化妆包、宴会包等。

图 1-1

对于"包"的提法常见的有箱包、手包、手袋等。在本书中所提到的"包袋"多是探讨以实用性或装饰性为主的"包"与"袋"。

包袋艺术可以说是一门综合、复杂的服饰配件艺术，它所涉及的学科门类较多。不仅要求设计师要有美学、艺术学、技术学以及材料学（图 1-2）等方面的知识，同时还要对市场学、时尚学、民俗学等方面的知识有所掌握。因此，如果包袋设计师要完成一项好的包袋设计方案，除了要有卓越的设计才华之外，还必须要了解和掌握包袋效果图的表现技法。目前，关于包袋效果图的表现技法主要是以手绘和软件制作两大类为主。

图 1-2

早期的包袋设计工作是与生产技术紧密相结合的。随着时尚产业的不断发展，包袋的设计与风格逐渐成为了包袋设计要素当中的重点部分。在包袋的长期发展当中，其被赋予的审美功能使之成为地位与身份的象征之一。例如人们所熟知的 LV（路易·威登）、Chanel(香奈尔)、Gucci(古奇)等国际知名品牌。在当今世界流行的各类品牌包袋中，品牌效应也逐渐成为了生活品位和时尚风度的体现。

第二节　关于包袋效果图

随着我国时尚产业的不断快速发展，包袋的造型与结构的设计成为从事包袋设计行业工作者重要的关注部分。对于一个包袋设计师而言，既要有良好的绘画基本功，又需要对包袋的造型与结构能娴熟地掌握。不仅能够从比例、透视、图案、色彩、肌理、材质等方面熟练地绘制，而且还要对包袋的风格表现、搭配方式以及某一种或是某几种包袋的制作流程了如指掌（图1-3）。本书中以包袋效果图的手绘表现方式作为主要探讨对象。

所谓手绘包袋效果图就是直接由设计师手绘操作，运用线描、明暗、块面等造型手段，结合不同包袋的材质与肌理变化而表现出设计灵感的一种方式。这种手绘表现的方法在表现形式、色彩运用、技法选择等方面与电脑软件相比更具有灵活性，能够更快、更好、更方便地体现出设计师不同的

图 1-3

风格表达方式。尽管可能在最初的纸张上体现较多的是凌乱的、反复修改的绘图痕迹，但这作为包袋设计的原型是必不可少的一个过程。同时，设计师往往还会在手绘的画面中增添一些随意性的表现，这也是绘图软件表现的效果图所不能达到的。图1-4是单色彩色铅笔绘制的效果图，图1-5是多色彩色铅笔绘制的效果图，图1-6和图1-7是各种包袋的线描稿，图1-8是休闲软包的效果图。

图 1-4

图 1-5

图 1-6

图 1-7

图 1-8

第三节　包袋发展概况

包袋制品产生于有文字记载之前，包袋是伴随着人类的诞生而发展起来的，是最为古老的物品之一。

一、我国包袋发展概况

我国包袋有着自身的民族艺术语言，它是我国服饰文化中的一个重要组成部分。包袋由最初满足人们盛放物品的树叶、兽皮发展成为凝聚着民族审美情趣、风格特点的艺术品，并且随着时代的变迁、文化的交融以及皇权体制等诸多因素的影响而演变。从文献记载显示，早在商周之时，民间已有佩囊之习，《诗·大雅·公刘》"迺裹粮，于橐于囊"。《汉毛亭》载："小曰橐，大曰囊"。我国包袋的发展从原始的树叶、兽皮开始，以功能和装饰为主主要经历了以下时期。

1. 箭囊

商朝士兵作战时所佩戴的箭囊也称弓囊，质地要求结实、坚硬（图1-9）。

2. 佩囊

古人衣服上没有口袋，一些必须随身携带之物，多半放在囊内，外出时则佩带于腰间，所以称之为"佩囊"（图1-10）。

图1-9　　　　　　　　　　图1-10

3. 鞶囊

春秋战国时期以皮革制成的佩囊，被称为"鞶囊"。

4. 香囊

香囊的材质多选用上等的锦缎或丝绸制成，里面放置香料。

5. 锦囊

锦囊是用各种材料制成的随身小袋，既可盛物也可作为饰物。

6. 鱼袋

唐代的官员要求必须配用鱼符（图1-11）。鱼符，是古代朝廷颁发给大臣的符信，以雕木或铜铸为鱼形，有的还在其上刻文字，盛入鱼袋后，供官员佩戴在腰间，作为联系凭证使用。唐代废除了佩物制度后，为了区分官吏的等级，于永徽二年，实行了佩鱼制度（图1-12）。

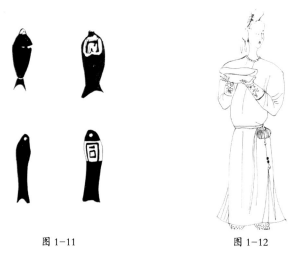

图1-11　　　　　　　　　　　　图1-12

7. 龟袋

龟袋是盛放龟符的小袋，用雕木或铸铜制成。龟袋一般用皮韦制作，是朝廷颁发的一种符信。自魏晋南北朝开始佩龟袋。《旧唐书·舆服志》："天授元年九月，该内外所佩鱼并作龟。久视元年十月，职事三品以上龟袋，宜用金饰，四品用银饰，五品用铜饰。"龟袋的作用与鱼袋相同，都是出入宫廷的信符。

8. 算袋

算袋也称算囊，是古代的一种佩饰。它是用来放计算用具的，所以称为算袋。在唐朝，算袋被规定为有一定品级官员必须随身佩戴之物（图1-13）。

9. 笏袋

笏袋是装笏的袋子。笏是古代文官上朝时拿在手中的手板，它用玉、象牙、竹片、木制成，上朝时用以指画、记事。《通志》曰："今扑射，尚书手板，以紫皮裹之，名曰笏袋。"

图1-13

10. 荷包

荷包是我国民间流行的一种随身携带的小包，可以用来盛放零钱或零碎东西。一般其上都绣有精美的装饰图案（图1-14）。

以上是我国古代包袋的发展简要概况，具有鲜明的民族性。但随着清王朝的没落，这些民族风格的包与袋也逐渐开始消亡。

图1-14

二、外国包袋发展概况

西方包袋的发展是由最为简单的方巾口袋开始的，逐步形成了基本的西方包袋雏形（图1-15），这为后来包袋的发展奠定了一定的原型基础。西方包袋的发展贯穿了古代时期、中世纪时期、近世纪时期、近代时期以及现代时期。从而使西方包袋逐渐成熟、发展和完善起来。西方的包袋文化经历了长期的发展演变，必然伴随着西方的政治、经济、文化的发展而不断发展。同时也结合了当时人们的审美情趣、地域特点而产生出在当时的时尚背景下的包袋款式与风格。如图1-16中所示，是公元12世纪英国农家女子用口袋装苹果。女子身着紧身衣裙，腰间系了三四个口袋，其造型简练、没有装饰。15世纪后期，男士流行佩戴一种精致的

图1-15

小包袋（图1-17），女士流行提一种装饰有珠子的小包袋（图1-18）。之后，西方的包袋还经历了16世纪极具装饰的时期和19世纪新古典主义时期，20世纪以后的各种包袋造型、颜色、质地都成为人们日常生活中不可缺少的一部分。

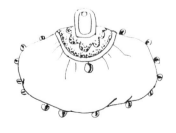

图1-16　　　　　　　　　　图1-17　　　　　　　　　　图1-18

第四节
包袋效果图学习的基本知识

包袋效果图（图1-19）作为整体包袋创意设计的一个组成部分，是从设计构思到制作完成的桥梁，是设计者表达设计意图的第一步。在进行包袋手绘效果图表现的学习之前，要先了解以下基本知识。

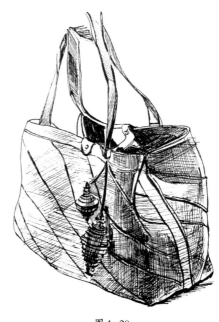

图1-20

图1-19

一、素描

素描作为包袋形体塑造的基本功，在表现空间感与体积感上是必不可少的（图1-20）。素描是通过线条及块面的运用，把所要表现对象的形体结构、明暗关系、质量体积、空间层次等真实地再现在纸面上的一种绘画方式。在平时的素描训练中，可以尝试先从绘制简单的几何形体开始。

二、速写

速写是快速表达包袋设计的一种方式，可用铅笔、炭笔、签字笔等画出，一般多为黑色（图1-21）。要求在较短的时间内，以高度概括、综合的手法表现出物体的形象。速写时常用线来表现对象的结构、层次、体积与细节。速写最为讲究的是线条，平时练习可以多尝试将国画中的线描稿拿来临摹。

图 1-21

图 1-24

三、色彩

色彩是包袋效果图表现的灵魂，包含有光源色、固有色、环境色等。包袋效果图中的色彩表现没有写生表现的要求那样细腻丰富，而是多强调对包袋固有色与肌理的深浅、变化的体现（图1-22~图1-24）。

图 1-22

图 1-23

四、图案

包袋效果图中的图案绘制可以是写实的，也可以是抽象的。例如花卉、动物、景物或人物的题材都可以成为图案绘制的元素（图 1-25）。

图 1-25

五、透视

包袋的造型设计千变万化——长方形、正方形、圆形、三角形、不规则形等。由于包袋的成品是一个三维立体造型，这就要求设计师在绘制效果图时必须注重透视。一般在绘制时先画出准确的透视直线，然后再画出包袋的透视关系，远小近大、远虚近实，逐渐再过渡到外形的局部描绘——袋位、袋形、把手、带子、拉链、扣子等装饰物。要注意细节部分的绘制也需要结合外形的透视角度来表现（图 1-26）。

六、工艺

包袋效果图的绘制不同于其他的绘画表现方式，除了赏心悦目之外，工艺细节也不容忽视（图 1-27）。每个细节的部位要尽可能地表现清楚。例如切线是单针还是双针，滚边是嵌边还是包缝。越是详尽地绘制包袋的工艺，将会为之后的生产加工提供更加翔实的依据和便利。

图 1-26

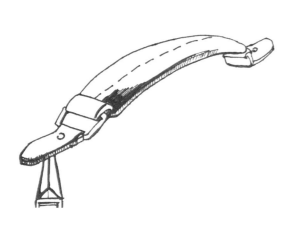

图 1-27

第五节 品牌包袋效果图赏析

一、路易·威登 (Louis Vuitton)

法国品牌，创建于 19 世纪 50 年代。其精湛的箱包制作工艺誉满欧洲，成为世界箱包行业中的领军人物。路易·威登这一品牌不仅只限于设计和出售高档皮具和箱包，而且涉足时装、饰物、珠宝、手表等领域（图 1-28）。

图 1-28

二、古奇 (Gucci)

意大利品牌，其包身红绿间隔的条纹是 Gucci 的经典标志，是引领时尚潮流的先锋。本品牌以高档、豪华、性感而闻名于世，以"身份与财富之象征"的品牌形象成为上流社会的消费宠儿（图 1-29）。

图 1-29

三、爱马仕 (Hermès)

法国时尚品牌，以优雅、高贵的设计理念为主。一直以精美的手工和贵族式的设计风格立足于经典服饰品牌的巅峰。奢侈、保守、尊贵的风格使整个品牌由整体到细节都弥漫着浓郁的深厚底蕴 (图 1-30)。

四、克里斯汀·迪奥 (Christian Dior)

法国时尚品牌，其箱包造型设计极具个性和时尚感。自 1946 年创始以来，Dior 一直是华丽与高贵的代名词。无论是时装还是化妆品或其他产品。其经典的款式、时尚的色彩、特殊的面料处理工艺都能给人先锋艺术般的视觉享受（图 1-31）。

图 1-30

五、 芭巴瑞 (Burberry)

英国品牌，其具有代表性的条纹面料具有皇家高贵之感。品牌多层次的产品系列满足了不同年龄和性别消费者的需求（图 1-32）。

图 1-31

图 1-32

第二章

包袋效果图
绘制工具

第一节 绘画工具和材料

一、铅笔

铅笔一般用于起草图或塑造形体时所用。注意在削铅笔的时候笔头不宜削的太尖，或太细，有棱面的笔尖最好，这样的笔头能够体现出不同线条的粗细感。常用铅笔代号为 HB~5B（图 2-1）。

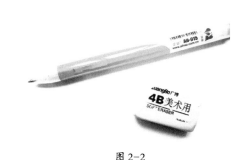

图 2-2

三、签字笔、针管笔

签字笔、针管笔是用于在草图完成后勾画包袋的轮廓线（图 2-3）。

图 2-1

二、自动铅笔

自动铅笔在绘图时常用于细节处的描绘，如包袋的手提部位、装饰部位、拉链部位、铆钉或其他细小的装饰部位等（图 2-2）。

图 2-3

四、彩色铅笔

彩色铅笔方便绘画，易于掌握，画面富有装饰性，比较大众化。彩色铅笔中有一种水溶性彩色铅笔，其表现效果十分接近于水彩（图2-4）。

图 2-4

五、水粉笔

水粉笔是在上色时使用的。将水粉颜料或水彩颜料兑入适量的水，进行稀释，或与其他色彩进行调和后，能够形成新的颜色。在使用时是将笔蘸上颜料后进行绘制。这种笔的特点就是笔杆较长，笔头为狼毫或其他动物毛所制，有蓬松、柔软、饱和的绘画感受（图2-5）。

图 2-5

六、马克笔

马克笔又称麦克笔，是一种快速表现绘画的材料，一般分油性和水性两种，笔头分扁形和圆形两种。其特点是颜色鲜艳、容易着色，干透较快，能够体现出一种潇洒、帅气的绘画风格。但要注意的是不能反复进行原位置的涂画，以免将原有颜色画脏（图2-6）。

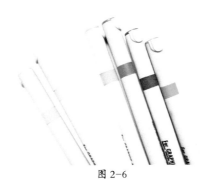

图 2-6

七、勾线笔

勾线笔的最大特点就是笔杆纤细，笔头细长。这种笔适合在用水粉或水彩颜料画完对外轮廓的勾线时所用（图2-7）。

图 2-7

八、水彩笔

水彩笔在绘制包袋的效果图中也是不可缺少的。水彩笔品种很多，以36色的最为齐全（图2-8）。

图 2-8

九、油画棒

油画棒质地粗犷，适合于绘制面料较粗糙的效果，同时还可以和水彩或水粉一起绘制，从而产生丰富多变的肌理效果（图2-9）。

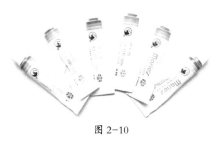

图 2-9

十、水彩、水粉

水彩和水粉属于绘制包袋效果图中最为常用的材料。水彩颜料质地细腻柔和，能够表现出轻柔、浪漫的绘画风格，适合表现轻软、柔和的包袋面料。而水粉颜料由于其本身富含胶质，又极具覆盖力，适合表现硬挺、坚实的包袋形态。因此对于不同质感的材料都能有很好的艺术表现力，一般选择马利牌的水粉颜料或水彩颜料（图2-10）。

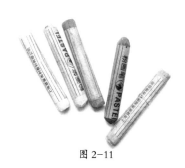

图 2-10

十一、色粉

色粉的质感有些像粉笔或画粉，其质地细腻，有微尘。作画时需要用手或其他软性材料进行辅助。色粉的绘画表现力细腻柔和，但不好保存，画面容易蹭脏或糊掉。因此，在用色粉绘制中或完成后，都要仔细地保存好（图2-11）。

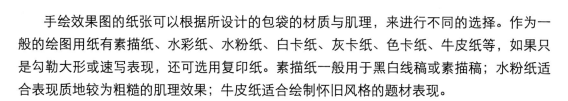

图 2-11

十二、画纸

手绘效果图的纸张可以根据所设计的包袋的材质与肌理，来进行不同的选择。作为一般的绘图用纸有素描纸、水彩纸、水粉纸、白卡纸、灰卡纸、色卡纸、牛皮纸等，如果只是勾勒大形或速写表现，还可选用复印纸。素描纸一般用于黑白线稿或素描稿；水粉纸适合表现质地较为粗糙的肌理效果；牛皮纸适合绘制怀旧风格的题材表现。

第二节 绘画方式

一、线的运用

　　一个优秀的包袋设计离不开好的创意，同时娴熟地掌握手绘效果图的表现方式是设计包袋的基础。只有良好的绘画基本功加上长期的大量练习才能描绘出准确而完美的包袋作品。

　　绘制包袋效果图时，线作为最为基础的元素，有着非常重要的作用。从开始起稿，到上色完成的勾线，都离不开线的表现。以下将绘画中常见的线的表现方式进行归纳。

1.单排线

　　按照某个特定的方向来进行排线，其线条的长度和排线的宽度基本一致（图2-12）。

图 2-12 单排线

2.叠排线

　　在第一层单排线上再增加一层单排线，这两层排线

图 2-13 叠排线

的方式是相互成45°角形成重叠（图2-13）。

3.点状线

　　点状线是一种比较短的装饰性线条，主要用在画面基本完成以后，对画面进行装饰时所用。

4.圆圈线

　　圆圈线是指在某一个特定的位置不断连续地画圈，层层叠加所产生出的一种

图 2-14 圆圈线

绘画方式。在表现时需注意用笔的轻重，和应根据光线变化来调整（图 2-14）。

5.篱笆线

　　篱笆线主要用于背景装饰时的表现，这种方法有些类似于中国画上画篱笆的用笔方法。篱笆线是将较短的线条左右排成小平面，并使相邻平面的线条相互垂直，然后用这些小平面布满装饰表面（图2-15）。

图 2-15 篱笆线

6.雨丝线

雨丝线是多用于背景装饰的一种方式。其表现方式有些像细雨从空中洒落，画法是在色彩比较均匀的背景上画较短的斜线（图2-16）。

二、黑白线稿表现

图 2-16 雨丝线

包袋效果图的设计与表现不同于其他绘画的表现方式，不仅要赏心悦目，而且还需要为后续的加工生产服务。包袋的黑白线稿表现主要是采用不上色的无彩色的表现技法。一般主要是运用线描、素描、速写的方式来进行表现。采用铅笔、勾线笔、速写笔等工具进行绘制。因此，在绘制的过程当中除了要将包袋的外形轮廓把握得较为准确之外，还需要对局部细节表达得更为准确和细致（图2-17）。

图 2-17

三、彩色效果图表现

包袋的彩色效果图表现主要运用第一节当中所介绍的各种有色的笔或颜料来进行，画面效果丰富多变，肌理纹样生动活泼（图2-18）。包袋彩色效果图的绘制更加注重对包袋的固有色和面料肌理变化的描绘。

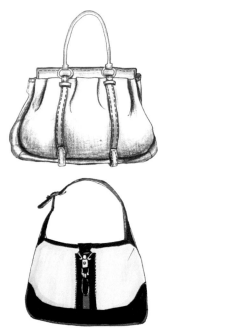

图 2-18

第三节 包袋效果图绘制步骤

一、分析

在刚开始准备着手画包袋效果图时，一定要做到心中有数。例如包袋各个部位的比例、空间位置、透视关系等，需要想清楚先画哪个部位，后画哪个部位。从分析立方体的明暗面开始，分析包袋本身的明暗部分，增强体积与空间感，同时根据包袋不同的材料来选择不同的表现技法。如质感较硬的部位常采用刚劲有力的线条来表现，而质感较软的部位常采用轻柔细腻的线条来表现（图 2-19）。

图 2-19

二、绘画

　　开始绘制包袋效果图草稿时，可以先用笔触轻柔、细长的线条，画出包袋不同部位的比例界限，也就是常说的辅助线。其次，要画出包袋的各大部位的大致轮廓，标记好相关部件的位置。再次，要根据面料的颜色和质地铺大面积的明暗色调，使包袋的造型逐渐立体化起来，并不断地增加其体积关系直至完成。同时，进一步细致刻画相关的饰物部件，如拉链、标牌、五金、装饰物等。最后，进行整体调整，去掉多余的辅助线（图 2-20）。

图 2-20

三、细节

　　包袋在绘制的过程中还要注意不同位置的用笔和表现手法，例如在包口的位置、褶皱的位置、挂件与手柄的位置等。此外，还有注意用笔的方向和力度，以便于将包袋的细节绘制的更加完美和精准（图 2-21）。

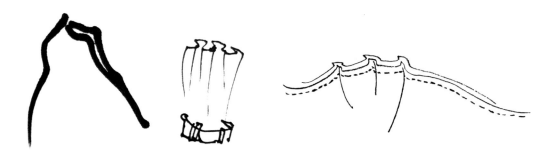

图 2-21

四、案例

　　包袋绘画的步骤案例可以参考图 2-22。

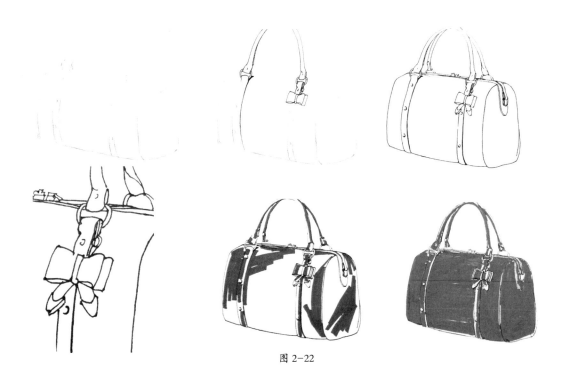

图 2-22

第三章

包袋效果图
绘制形式美

第一节　形式规律

一、对称与平衡

图 3-1

图 3-2

从视觉角度上讲，对称一般分为绝对对称和相对对称两种形式；而平衡则一般分为对称式平衡和非对称式平衡两种。

包袋效果图绘制中的对称是指以包袋中轴线为基准的两边对称，或以包袋的中心点为基准左右对称及上下对称的方式（图 3-1）。

包袋效果图绘制中的平衡是包括上述的对称式平衡，以及对称式平衡之外的只求视觉上的平衡感的表现形式（图 3-2）。

二、重复与对比

图 3-3

形式美中的重复一般是指具有相同或相似元素根据某种规律在一定范围内进行的重复性排列，它能产生一种韵律美感。对比则是用两种或两种以上不同元素的形式表现，产生出某种不同风格在相同空间中的矛盾效果。

在包袋的绘制中重复的形式美适合表现包袋表面肌理的效果（图 3-3）。对比则可以将光滑与粗糙、单薄与厚重、亮光与亚光等材质效果表现得淋漓尽致（图 3-4）。

图 3-4

三、比例与细节

形式美当中的比例与细节是包袋效果图表现的重要法则。比例在绘画中具体表现在形状、大小、结构、空间等方面（图3-5）。在包袋效果图细节部分的描绘中，需要对所绘包袋基本结构与面料质地有一定地了解与掌握，才会为最终绘制出来的包袋的整体效果增光添彩（图3-6）。

图 3-5

图 3-6

四、节奏与韵律

形式美中的节奏一般指的是某个单元中图形的排列规律，一般为连续不断地出现造型与色彩反复交替的现象。韵律是在节奏美的基础上，产生出如音乐、诗歌般具有旋律感的表现形式。

在包袋效果图绘制中，例如装饰包袋的图案的节奏感就可以通过包面印花、绣花、钉珠等形式表现（图3-7）。同时，在效果图中表现有组织的结构，或是图案形象的强弱、反复、重叠、交错等形式，能够体现出灵活有序的韵律感（图3-8）。

图 3-7

图 3-8

第二节 绘制主题

在考虑一个包袋的设计时会有许多因素，但主要的出发点还是在于如何将实用性与装饰性巧妙地相结合。因此，在包袋效果图绘制时首先需要了解当下所流行的时尚元素、风格潮流、色彩面料等之后再进行设计。然而最重要的是，在开始设计包袋时需要确定主题来进行，之后才能进行包袋的具体廓形、结构与款式的设计与绘制（图3-9、图3-10）。

形式美在包袋设计主题中的确立是十分重要的。设计师需要具备一定的造型能力、艺术修养以及与包袋有关的知识。例如，包袋的外形、包袋的色彩、包袋的图案、包袋的材料等。同时还需要设计师在日常生活中不断地累积、不断地创新、不断地钻研，最终才能熟练地掌握包袋设计的方法。对于绘制包袋效果图而言，关于包袋设计有关知识的学习也是不容忽视的。以下为包袋设计中常采用的几种主题形式。

图 3-9

图 3-10

一、以外形为设计主题

包袋的外形主要包括正方形、长方形、圆形、梯形等，可以将这些形状展开来进行独特的设计（图3-11、图3-12）。例如，以几何形为主题的外形有方形、圆形、梯形、弧形、半圆、扇形、不规则几何形等。此外，还可以把包袋外形划分为具象形态和抽象形态两种主题。其中具象形态包括如植物花卉、动物、风景等各种形象，抽象形态有以某种概念为主题的设计形态，例如夸张变形、低碳环保等。抽象的外形设计所表达的是某一种独特的设计思维，其实用性功能相对来讲不会很强（图3-13、图3-14）。

图 3-11　　　　　　　　　　　　　　　　图 3-12

图 3-13　　　　　　　　　　　　　　　　图 3-14

二、以装饰为设计主题

装饰主题设计主要强调的是包袋表面的装饰效果，例如用拼色（图 3-15）、刺绣（图 3-16）、镶珠、立体盘花、扎染等方式来表现。其装饰的工艺性要求细腻、精美。

图 3-15　　　　　　　　　　　　　　　　图 3-16

三、以材料为设计主题

关于包袋制作的材料品种非常之多，材料的时尚性元素也越来越浓郁。例如各种动物皮革、人造皮革（图 3-17）、帆布（图 3-18）、细棉布、尼龙、丝绸、针织品（图 3-19）、呢绒等都是常作为备选用的材料。此外，还有各种塑料布、麦秸、麦秆、绳线、丝绒、毛线、尼龙丝、铁丝等，都可以作为设计包袋的备选材料（图 3-20、图 3-21）。

图 3-17

图 3-18

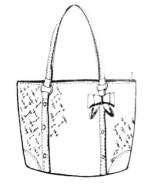

图 3-19

图 3-20

图 3-21

四、以功能为设计主题

　　包袋设计中还有一个重要的元素，就是要注重功能性的设计。同时，以功能性的不同需求为出发点也可以作为包袋设计的主题。例如休闲包的设计是需要以休闲、舒适、自由、随意的设计理念为主题的，同时，还要根据身着不同类型休闲服装的着装者的气质、形象和喜好来进行不同的设计（图 3-22）。

　　例如，一般宴会包设计的廓形多为小型包袋，整体设计精巧、华美，所选用的材料也比较夸张（图 3-23）。有金、银、漆皮、水钻、珍珠、织锦、绸缎、丝绒等材料。宴会包袋是专为搭配宴会礼服而设计的，可以起到烘托宴会气氛的作用。

　　日常型包袋设计比较注重实用性，讲究舒适、方便、合理，在此基础上设计师可以随意发挥与想象。不仅可以根据包袋的大小、长短、宽窄来进行大胆的变化，而且也可以在包袋的形状方面随心所欲地构思，例如可以突破中规中矩的正方形、长方形、椭圆形、三角形，而产生出变化丰富的各种形状。

图 3-22

图 3-23

第三节 图案设计

包袋的图案设计丰富多变，常用的基本图案设计有以下六种纹样。

一、植物花卉纹样

在包袋图案设计中，姿态万千的植物花卉造型永远是包袋图案设计的首选，其表现形式也多种多样。植物花卉图案包括具象图案和抽象图案两种形式，这些都是图案设计中取之不尽的素材（图3-24）。随着现代纺织服装产业的发展，无论印花还是贴花都能表现出植物花卉迷人浪漫的情调。

图 3-24

二、动物纹样

动物纹样种类繁多，造型俏皮可爱。一般动物纹样图案的设计分为：具象动物纹样和抽象动物纹样两大类。具象动物纹样可以直接使用，也可以使用动物局部的形象进行装饰；抽象动物纹样可以通过各种夸张变形的艺术手法，将动物的原型进行改造变形。此外，也可以将具象和抽象结合使用，还有将动物纹样和植物纹样及其他纹样一起搭配使用的（图3-25、图3-26）。

图 3-25

图 3-26

三、几何纹样

几何纹样不同于植物花卉、动物纹样，一般而言都是抽象的几何图案。例如圆圈、圆点、长线、短线等都可以组合出规律秩序的图案。这在面料纹样的设计中常采用二方连续与四方连续的组合方式表现（图 3-27）。

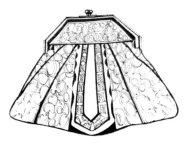

图 3-27

四、卡通纹样

时尚包袋设计中卡通装饰纹样越来越常见，表现手法也多种多样。例如，运用夸张、组合、添加、简化、分解、重组等方式将各种类型的卡通纹样进行设计创新。其表现出的生动性、趣味性和活泼性都成为时尚潮流的主要因素（图 3-28）。

图 3-28

五、文字纹样

包袋图案设计中的文字纹样丰富多彩，文字纹样可以选择不同的字体和字形，还可以使用外文。文字纹样图案的塑造主要是字体的设计以及文字之间的排列组合。

六、　风景图案

包袋设计中的风景图案大多是经过高度提炼，归纳和重组后使用的。大多风景图案出现在休闲布包和一些环保型购物袋上。

综上所述，除了以上六种常见的包袋纹样图案之外，还有其他许多方面都可以成为包袋纹样的图案。很多的学科门类都可以作为激发包袋图案设计的灵感，如音乐、建筑、美食、电影等都可作为包袋图案的设计元素（图 3-29）。

图 3-29

第四节 色彩设计

色彩设计是包袋设计的一个重要组成部分。从设计形式美的角度来讲，整体的色彩搭配应该是既和谐统一又赏心悦目的。因此，包袋作为服饰配件中十分重要的一部分，在整体服饰色彩搭配中起着"画龙点睛"的作用（图3-30）。

图 3-30

一、色彩的基本知识

包袋设计中的色彩设计是遵循色彩学上一定的基本原理来进行创作的（图3-31）。色彩的三要素是色相、明度、纯度。色相是指每种色彩的相貌与名称，一般可分为彩色与无彩色。例如，彩色有红色、黄色、橙色、绿色、蓝色、紫色等；无彩色像黑色、白色、灰色。

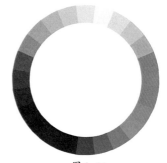

图 3-31

明度是指色彩的明亮程度。在色相环中可以看到，最明亮的是柠檬黄，其次是淡黄、中黄、土黄等。

纯度，也称饱和度或彩度，是指色彩的纯净程度。

色彩的种类可分为原色、间色、复色和补色。原色是指红、黄、蓝三原色，也称为第一次色。因为红、黄、蓝是原始颜色，而其他颜色都可以通过红、黄、蓝调出来。间色是指两种原色相调所形成的颜色，也称为第二次色。例如，红+黄=橙、红+蓝=紫、黄+蓝=绿，所以橙、紫、绿都是间色。复色是由两种间色相混或间色与原色相混所形成的颜色，也称为第三次色，其颜色纯度较低。补色就是在色相环上相互对着的两种颜色，它们互为补色，通常是对比最为强烈的几种颜色。

二、不同色调的设计

1.暖色调

常见的暖色调有红色系（图3-32）、黄色系、橙色系与棕褐色系。红色系给人热烈、充沛、热情、活力的感觉；橙色系是红和黄相结合的色彩，给人华丽、欢快、兴奋与时尚的感觉；黄色系给人辉煌、明亮、清透与轻快的感觉；而棕褐色系常用来表现成熟与高贵的色彩，给人以端庄、稳重、简约和大气的特点。

图 3-32

2.冷色调

常见的冷色调有绿色系、蓝色系与紫色系。绿色系给人自然、生命与希望的感觉，特别是春、夏两季,绿色系运用较多（图3-33）；蓝色又称青色，在很多国家被认为是智慧的象征，蓝色系给人以洁净、清爽与永恒的感觉；紫色系向来被称为高贵色系，给人以神秘、奢华与魅惑的感觉，因此，深得时尚女性的青睐。

图 3-33

3.无彩色调

无彩色调是指黑色、白色、灰色。其中，白色给人以纯洁神圣之感；黑色给人以高雅迷人之感；灰色则赋有含蓄柔美之意。无彩色调被各大品牌设计师所青睐，在流行色的舞台上经久不衰。

4.光泽色调

光泽色调的出现是伴随着各种高科技的发展应运而生的，例如塑料、仿玻璃和金属光泽的涂层面料等，此类面料为包袋设计师拓宽了思路、开阔了视野。

三、不同配色的设计

1.邻近色相配色

在色相环上30°以内的两个或两个以上的颜色进行色彩配色时，由于相互间的色相差很小，所以相配出的色彩效果就较为统一协调，比较适合典雅高贵的包袋设计风格。

2.类似色相配色

在色相环上30°～60°之间的两个或两个以上的颜色进行色彩配色时，所搭配出的色彩易取得统一协调之感，视觉效果和谐柔美。

3.中差色相配色

在色相环上60°～120°之间的两个或两个以上的颜色进行色彩配色时，对比效果适中，所搭配出的色彩具有鲜明、活泼、饱满、热情等视觉效果（图 3-34）。在配色中应多注意各种色彩之间面积的主次关系，以及明度和纯度的适度变化等。

4. 对比色相配色

在色相环上 120°～150° 之间的两个或两个以上的颜色进行色彩配色时，所搭配出的色彩能够形成较强烈的色相对比关系，具有饱满、强烈、明快、兴奋的视觉感受。这种配色方式应注意色彩搭配的不协调性，可以尝试用某一种颜色在面积上的分布来进行协调（图 3-35）。

图 3-34

5. 互补色相配色

在色相环上 180° 相对两色的色相配色时，形成的色相对比关系最强烈，所搭配出的色彩具有刺激、生动、活跃、饱满、华丽等视觉效果。包袋设计在采用互补色设计时，需要用调和方式进行处理，增加色彩间相同或相近的元素，使互补的两色既相互对立，又相互统一，以达到最大化的视觉平衡感（图 3-36）。

6. 有彩色与无彩色配色

有彩色与无彩色进行色彩配色时，极易产生统一协调感，可以通过设置不同的面积比例、明度差距和纯度差距，最终形成各种不同视觉效果的和谐美感（图 3-37）。

图 3-35

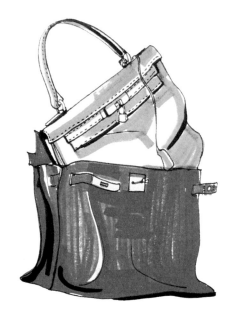

图 3-36

图 3-37

第五节 设计细节及方式

包袋设计中的设计细节包括缎带、蕾丝、花边、立体花、拼接图案、金属片、铆钉、珠子、珠片、刺绣、羽毛、标牌等。下面将分类介绍细节装饰物的特点和其所适合装饰的包袋类型。

一、缎带、花边等

缎带、花边、蕾丝常用来作为化妆包、单肩挎包（图3-38）、宴会包的装饰元素。缎带可以加工成花朵、花结来使用。花边有蕾丝花边、钩花花边、刺绣花边等。其中蕾丝花边和单色刺绣花边都可以用来装饰简约、雅致的包袋；民族风格的刺绣花边常用来装饰单肩挎包和双肩包。整片蕾丝可以装饰时尚、华贵的手拎包。还有一种立体花，就是用纺织品面料加工成仿真花的造型，常作为沙滩包、宴会包、化妆包的装饰。这些花类的装饰都是用作女性包袋的装饰，加工立体花的材料可与包的材料一致，也可以不一致。

图3-38

二、金属类

金属片、金属钉、铆钉常用在双肩包、单肩挎包上，闪光的金属片常用来装饰宴会包。金属装饰的包给人以朋克风的感觉，还有用彩色闪光金属片装饰的包极具神秘感。

三、珠片

一般实用性较强的包极少采用珠子、珠片来进行装饰。所以珠子、珠片常出现在宴会包、化妆包、小钱夹等装饰性较强的包袋上。

四、羽毛

用羽毛装饰的包袋不常见，一般会在华丽的宴会包的包口上设计一些。

五、标牌

标牌、吊牌都是指品牌标志牌和装饰吊牌，常见的品牌标志牌有用金属做的和皮质做的时尚标志，装饰吊牌是用金属或其他材料做的，既能显示品牌又能做装饰的小饰物，它们通常挂在包的提手或拉链上，起到宣传品牌和装饰作用。

六、刺绣

刺绣分手工绣和机绣，在机械化高度普及的今天，大多数包袋上都采用机绣装饰，但也有小部分手工绣，因为手工绣的风格较机绣更朴实、更接地气，在追求自然风尚的当下，会出现很多手工刺绣的包袋，价格也不菲。

七、拼接

常用的拼接形式有两种：一种是将不同的面料以一定的方式拼接作为包面；另一种是局部拼接图案。拼接面料用做包面的方法可以用在许多包型中，例如沙滩包、宴会包、腰包、单肩挎包、筒包、化妆包、皮夹等，多为女性用包袋（图3-39）。

综上所述，不同场合用的包袋有不同的设计细节，这些细节设计表现形成了不同包袋的明显风格（图3-40）。

图 3-39

图 3-40

第四章

包袋面料质感
表现技法

第一节 真皮类面料

　　包袋制作的材料十分广泛，较常见的有皮革类面料（图4-1）。例如 LV（路易·威登）、Chanel(香奈尔)、Gucci(古奇) 等。除了主打用真皮类面料以外，还会选用其他的材质。真皮类面料以牛皮、羊皮、猪皮最为常见。

图 4-1

一、牛皮

　　牛皮质地细腻结实、光泽柔和（图4-2），其种类较多，如奶牛皮、母牛皮、公牛皮、黄牛皮、水牛皮、牦牛皮等。一般在绘制牛皮材质时，可选用水粉、色粉来表现。

图 4-2

二、羊皮

　　羊皮毛孔有细密和斜度的特点，主要有绵羊皮和山羊皮两大类。在绘制时可选用水彩上第一遍色后，再用色粉描绘。

三、猪皮

　　由于猪皮具有较明显的猪皮毛孔及粒面特征，光泽性较差，所以在绘制时可考虑用油画棒画底纹，再用水彩上第二遍颜色，其皮革质地的肌理变化较为丰富（图4-3），也可以考虑用彩色铅笔。

图 4-3

　　此外还有鸵鸟皮、鳄鱼皮、蛇皮、牛蛙皮、海水鱼皮、淡水鱼皮等，还有带毛的狐狸皮、狼皮、狗皮、兔皮等，需要根据不同皮革的质地特征来选择绘制工具。

第二节 加工皮面料

加工皮一般是在头层或二层皮上经过化学材料的喷涂或覆上 PVC、PU 薄膜加工而成。

一、水染皮

水染皮是将牛、羊、猪、马等头层皮漂染成为各种颜色，并上光加工而成的各种软皮（图4-4）。绘制时可选择水粉表现。

图 4-4

二、珠光皮

珠光皮是在头层或二层皮的表面贴合

各种净色、金属色、荧光珍珠色、幻彩双色或多色的 PVC 薄膜加工而成。绘制时可选择水彩进行表现。

三、漆皮

漆皮是用二层皮坯喷涂各色化工原料后压光或消光加工而成的皮革。用水彩绘制效果较好。

四、修面皮

修面皮是将较差的头层皮坯，表面进行抛光处理，磨去表面的疤痕和血筋痕，用各种流行色皮浆并压成粒面或光面效果的皮（图 4-5）。绘制修面皮的花纹可选用水彩笔。

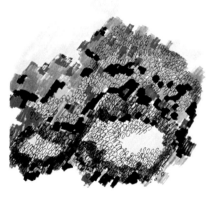

图 4-5

五、压花皮

一般选用修面皮或开边珠皮来压制各种花纹。例如仿鳄鱼皮纹、蜥蜴纹、鸵鸟皮纹、蟒蛇纹、水波纹，还有美丽的树皮纹、荔枝纹、仿皮纹等各种创意图案（图4-6）。建议选用水彩进行表现。

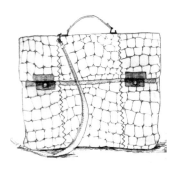

图4-6

六、磨砂皮

磨砂皮是将皮革表面进行抛光处理，并将粒面疤痕或粗糙的纤维磨蚀，露出整齐均润的皮革纤维组织后再染成各种流行颜色而制作成皮具。建议选用彩色铅笔进行绘制。

七、反皮绒

反皮绒是将皮坯表面打磨呈绒状，再染成各种流行颜色而成的头层皮（图4-7）。

图4-7

八、人造革

PVC 和 PU 都被称为仿皮或胶料，也是人造革的总称。这种材料的制作方式是在纺织布基或无纺布基上，利用各种不同配方的 PVC 和 PU 等发泡或覆膜加工而成，也可以根据不同的强度、耐磨度、耐寒度以及色彩、光泽、花纹图案（图4-8）等要求加工而成。这种材质具有花色品种较多、防水性能较好、利用率较高的特点（图4-9）。

图4-8

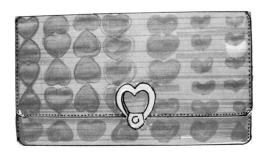

图4-9

第三节 纤维类面料及装饰

一、蕾丝

蕾丝是用来装饰极具女性浪漫气息包袋的必选材料（图 4-10），精美的镂空花纹配以奢华的水晶、钻石、玛瑙等名贵材质，非常适合做晚宴手包（图 4-11）。

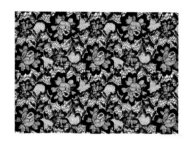  

图 4-10　　　　　　　　　　　　　　　　　　图 4-11

二、毛线

毛线的材质主要是采用编制的手法来完成包面肌理的变化。可以根据不同的款式织出各种各样的花纹图案，具有非常好的浮雕感，有一种平易近人的感觉。

三、印花布

印花布材质的手包价格较为低廉，手感轻巧柔软（图 4-12）。其色彩和纹样都紧随流行趋势，显得颇具时髦感和个性。

四、提花布

提花布一般都会带有强烈的民族风情与特色，其色彩比较鲜

图 4-12

明、款式较为简洁，尤其适合做休闲与旅游类包袋进行使用。

五、编织布

编织的材料可以选用绳、带、线等各种材质来按照一定的图案组织规律进行编结。其成品具有工艺性，有强烈的立体感和镂空感。常常会看到与里布在色彩对比上所产生出来的一种层次感（图4-13）。

图 4-13

六、细帆布

细帆布属于较为传统的包袋材质，其色彩丰富、质地柔软，风格平易近人。因而适合于多种包袋设计款式，在休闲布包的设计中较为常见。

七、牛仔布

用牛仔布制作的包袋可以说是时尚产品中的常青树。牛仔面料随着现代科技手法的不断创新，水洗、打磨的各种工艺使牛仔布的面貌越来越时尚，品种越来越多。牛仔布面料的包袋款式自由随意，备受年轻潮人的喜爱（图4-14）。

图 4-14

八、亚麻布

由于亚麻具有特别的自然浑厚的特色，表面肌理效果质朴又粗犷，因而特别适合用于田园风格系列的包袋设计（图4-15）。

图 4-15

九、牛津布

牛津布有着细帆布的质感，但又比细帆布要更加耐磨，同时更容易洗涤。所以特别适合于运动与旅游之类的休闲系列包袋的设计。

十、刺绣

刺绣工艺在包袋设计中多用在牛仔、丝绒、皮革等材料上，其上刺绣各种精美的图案，可使包袋表面的视觉效果产生很大的变化（图4-16）。这种方式用在民族风格的包袋设计中较为常见。

图 4-16

十一、珠片材料

利用各种不同颜色、质地、大小的珠子或亮片在包面的表面进行一定图案的缝缀，使其形成凹凸不同的装饰效果（图 4-17～图 4-19）。这种手法具有强烈的工艺性和装饰性，在一些高档的包袋产品中经常可以看到。

图 4-17

图 4-18

图 4-19

十二、非织造布

非织造布材质所制成的包袋最常见的是超市的购物袋，它比塑料袋环保，又比纸袋结实。所以承物轻便、价格低廉的特点使非织造布材质的包袋成为购物袋的首选。

第五章

包袋流行面料
与风格绘制技法

第一节 暗印花皮包

- 款式：正方形，韩版女士手提斜挎包。
- 材质：底纹印花 PU。
- 颜色：宝石蓝。
- 风格：日韩风范。
- 绘画工具选择：水彩纸、钴蓝色水彩颜料、针管笔、湖蓝色油画棒、黑色签字笔、棕色和灰色马克笔。

　　绘制步骤如下。

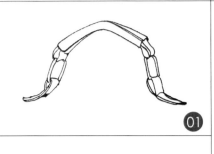

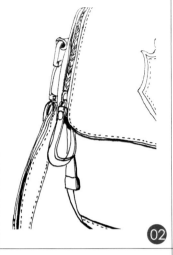

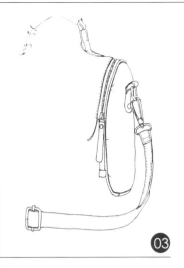

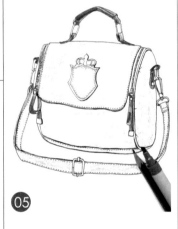

1. 提手部分用针管笔按照不同的方位仔细绘制，注意线与线之间的连接。

2. 仔细绘制拉链和缝线位置。

3. 绘制包侧面时要注意金属扣襻和带子的细节。

4. 完成整体包的线稿。

5. 用湖蓝色油画棒开始画第一遍色。

6. 用棕色的马克笔绘制提手、拉链等位置。

7. 再用钴蓝色水彩上第二遍颜色，会露出之前油画棒画过的自然肌理纹样。

8. 在最后的细节处理上，要注意对包的提手、五金部分的描绘。用棕色的马克笔对皮质的明、暗面进行塑造，用灰色的马克笔对金属的光泽部分进行描绘。

第二节 鳄鱼纹包

- 款式：圆形，鳄鱼纹牛皮手提包。
- 材质：鳄鱼纹牛皮。
- 颜色：深红色。
- 风格：华贵。
- 绘画工具选择：铅笔、水粉纸、大红色和深红色水粉颜料、黑色针管笔、油画棒、灰色马克笔。

  绘制步骤如下。

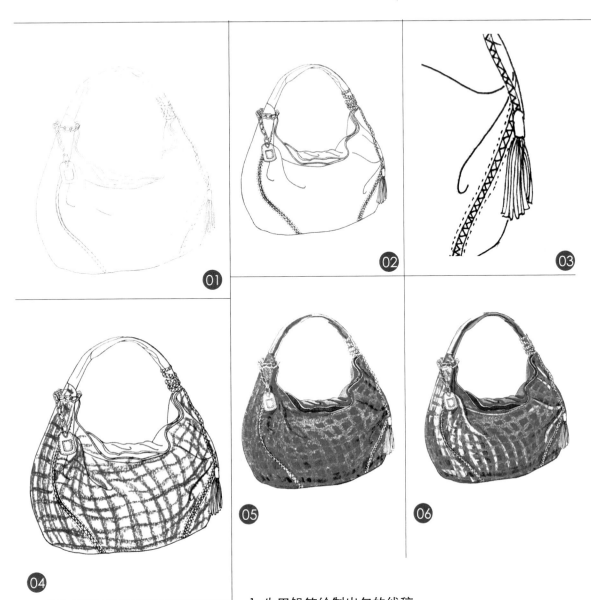

1. 先用铅笔绘制出包的线稿。

2. 用针管笔进行第二次勾线，以达到清晰明朗的效果。

3. 仔细绘制拉链和流苏装饰部分。

4. 用深红色和大红色油画棒开始画皮革纹理。

5. 用深红色水粉开始画第一遍色。

6. 上第二遍颜色，然后用白色画亮面的高光部分，最后用灰色马克笔画金属拉链和流苏。

7. 仔细描绘高光处面料的立体感与细节部分。

第三节　牛皮包

- 款式：长方形，欧式女士牛皮手提包。
- 材质：牛皮。
- 颜色：柠檬黄。
- 风格：优雅。
- 绘画工具选择：铅笔、水彩纸、土黄色水彩、柠檬黄色粉、针管笔和签字笔。

绘制步骤如下。

1. 先绘制好铅笔稿。

2. 用土黄色的水彩按照明暗关系的分布来进行第一遍上色。

3. 再用柠檬黄色粉进行第二遍的上色。

4. 最后用针管笔绘制提手和细节部分。

5. 仔细检查包袋的扣件与装饰物部分，用较细的签字笔来描绘小铁塔和明线装饰，最后统一颜色，画稿完成。

第四节　水晶皮包

- 款式：梯形，女士手拎包。
- 材质：透明PVC。
- 颜色：浅蓝色。
- 风格：可爱。
- 绘画工具选择：铅笔、勾线笔、水彩纸、钴蓝色水彩、水粉、黑色签字笔、湖蓝色色粉。

　　绘制步骤如下。

1. 先用铅笔画出包袋的线稿。

2. 用钴蓝色水彩从包体暗面开始第一遍上色，逐渐过渡到包的亮面。

3. 用湖蓝色色粉第二遍上色，也是从暗面开始，用笔轻揉，慢慢过渡。

4. 用水粉白色开始画高光处和反光处，体现包的透明材质。

5. 用勾线笔蘸深蓝色加强包的轮廓造型，用色粉再次来强调包体的反光、硬挺和透明的特征，全部画稿完成。

第五节　棉布包

- 款式：多边形，女士单肩布包。
- 材质：棉布。
- 颜色：粉红色。
- 风格：淑女。
- 绘画工具选择：铅笔、水彩纸、玫瑰红色和褐色水彩、白色水粉、黑色签字笔。

　　绘制步骤如下。

1. 先用铅笔画出黑白线稿。

2. 用玫瑰红色的水彩加水后淡淡地上第一遍颜色。

3. 加深包身的颜色，用褐色水彩画包带。

4 ~ 6. 包身要多强调柔软感。

7. 在包身的最后描绘当中要加强用水粉白色，利用干笔触在亮面轻轻地画，以表现出棉布特有的细腻手感和朦胧亚光的美感。

第六节 漆皮包

- 款式：长方形，女士手拎漆皮包。
- 材质：漆皮。
- 颜色：大红色。
- 风格：简约。
- 绘画工具选择：铅笔、水粉纸、大
红和朱红色水粉颜料、勾线笔、黑色签字
笔、灰色马克笔。

　　绘制步骤如下。

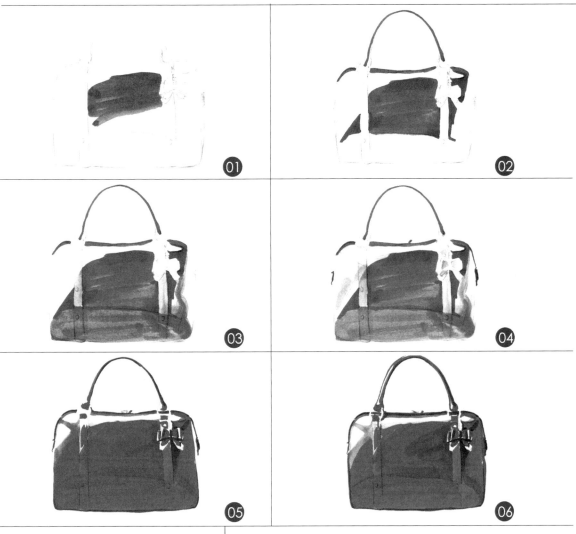

1. 在画好的铅笔稿上开始用大红色水粉画第一遍颜色。要在颜料中加入适量的水，并从皮包较暗的位置开始入手画。

2. 第一遍上色时，可以将包边和提手的位置画完。

3. 进一步将皮包的灰面进行完善。

4. 第二遍上朱红色时，注意水分要少，将暗面的颜色和灰面的颜色进行合理的衔接。

5. 描绘细节的提手和装饰带。

6. 用勾线笔着黑色开始勾线，同时刻画金属环和提手位置。

7. 用灰色马克笔绘制金属配件，最后开始完善细节部分。

第七节　磨砂牛皮包

- 款式：正方形，手拎式磨砂包。
- 材质：磨砂牛皮。
- 颜色：深棕色。
- 风格：休闲。
- 绘画工具选择：铅笔、水彩纸、熟褐色水彩、彩色铅笔、黑色签字笔、灰色马克笔。

　　绘制步骤如下。

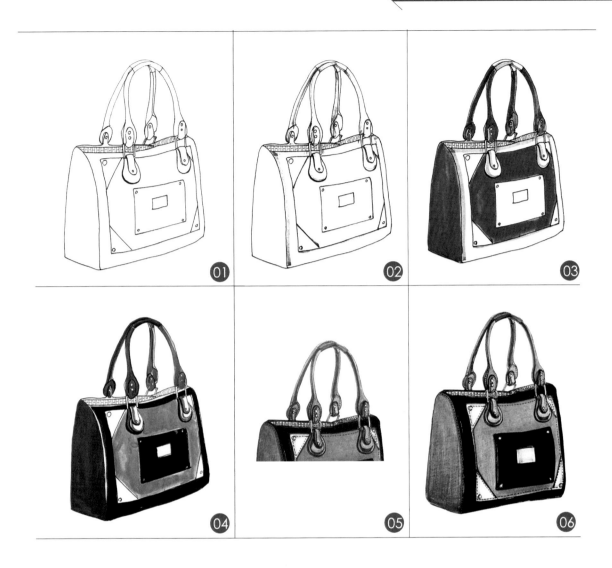

1. 先用铅笔起稿后，再用签字笔勾线。

2. 用灰色马克笔画出素描关系。

3. 用熟褐色水彩画出包身的颜色。

4. 加强包体的明暗关系，局部用棕色彩铅仔细刻画。

5. 仔细描绘包的提手部分。

6. 用黑色彩铅将深色部分加重，最终完成。

第八节　绗缝包

- 款式：长方形，单肩长带绗缝包。
- 材质：涤纶。
- 颜色：宝石蓝。
- 风格：小清新风格。
- 绘画工具选择：铅笔、水彩纸、水彩、马克笔、签字笔。

　　绘制步骤如下。

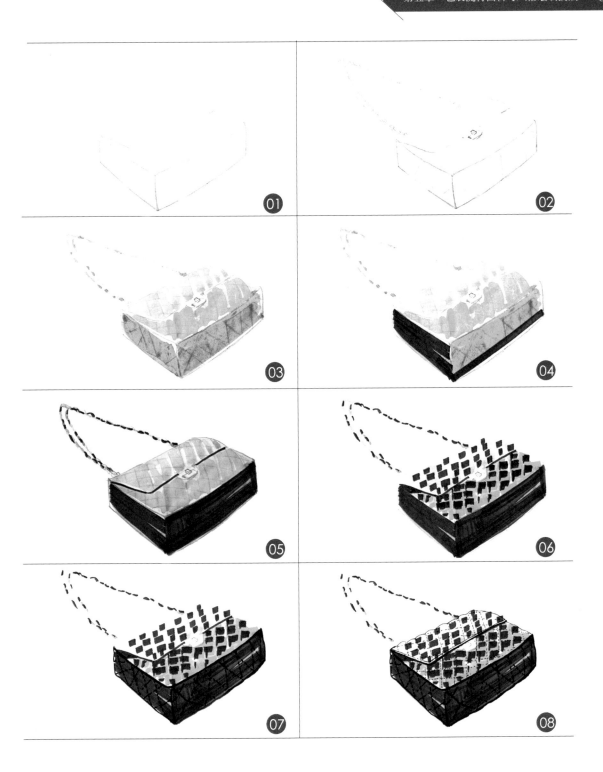

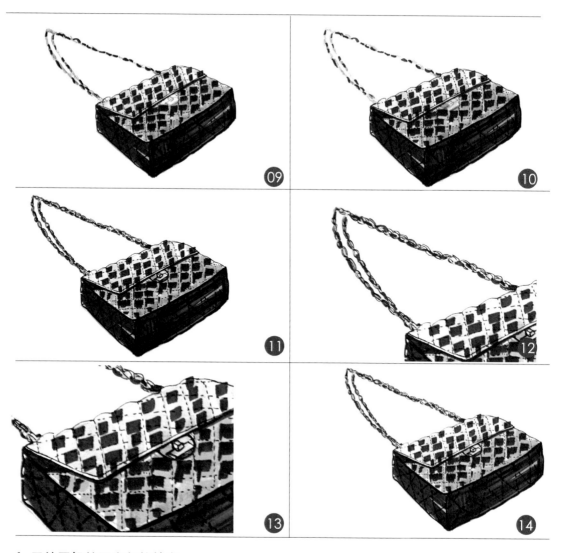

1. 用绘图铅笔画出包的轮廓。

2. 进一步仔细画出绗缝的线条与肩带链子的细节。

3. 用湖蓝色的水彩按照明暗关系画包体。

4. 在暗面部分用钴蓝色马克笔画包体的暗面。

5. 暗面部分完成，但不可画得太死，要留一些空出来。

6. 用钴蓝色马克笔画出亮面的立体部分。

7. 在暗面用黑色签字笔来画出交叉纹的线迹。

8. 开始在包体亮面画出绗缝的线迹。

9. 用灰色马克笔加深链子的灰色部分。

10. 用马克笔的柠檬黄色来画金属五金部分。

11. 仔细描绘包的各个细节部分，使之更完善。

12. 在拉链处要注意不同色彩与金属质感的处理。

13. 包面的处理要讲究面料质感的表现。

14. 完成稿。

第九节 毛绒包

一、手拎式毛绒包

- 款式：长方形，手拎式毛绒包。
- 材质：人造毛。
- 颜色：棕灰色。
- 风格：奢华。
- 绘画工具选择：铅笔、勾线笔、黑色签字笔、油画棒、水彩、马克笔。

绘制步骤如下。

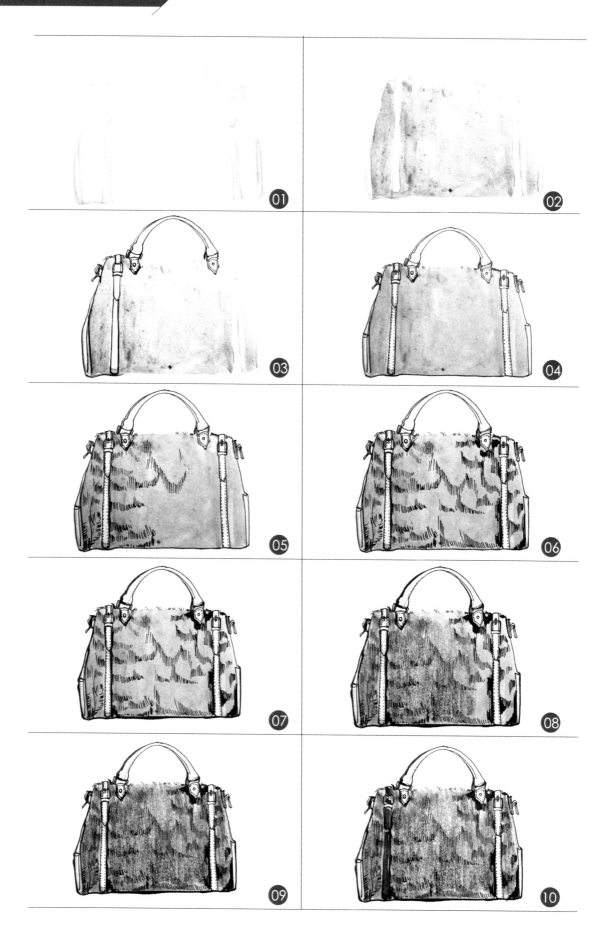

1. 用铅笔起稿。

2. 用灰色水彩开始画包身，灰色可用熟褐加黑再加水调出。

3. 用签字笔开始勾画包的提手轮廓和装饰部分。

4. 轮廓勾画完成。

5. 用小短线的排列方法画第一层毛。

6. 画时要注意毛绒的组织排列方向。

7. 加强包体的明暗立体关系。

8. 用棕色油画棒按照竖向方向开始画。

9. 加深油画棒的绘制面积。

10. 在画完包体后，毛绒的固有色暗面完成。

11. 用大红色的马克笔画提手和装饰。

12. 提手和装饰部分基本全部画完。

13. 仔细刻画包体上毛绒的立体感。

14. 继续加深包体和手柄的颜色，增加其立体感。

15. 用勾线笔顺毛方向开始勾出毛绒的笔触。

16. 全部完成。

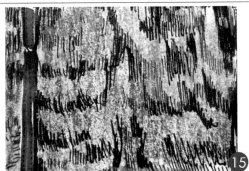

二、毛绒宴会包

- 款式：长方形，毛绒宴会包。
- 材质：人造毛。
- 颜色：黑色。
- 风格：奢华复古。
- 绘画工具选择：针管笔、铅笔、速
写笔、签字笔。

　　绘制步骤如下。

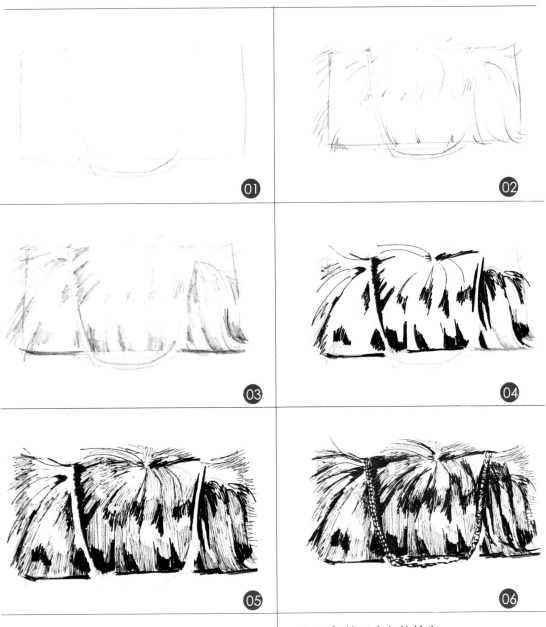

1. 用铅笔画出包的轮廓。

2. 用铅笔画出毛绒的方向。

3. 用铅笔画出暗面的层次感。

4. 用较粗的针管笔从暗面开始画起。

5. 再用较细的针管笔开始画灰色的面积。

6. 用签字笔画链条部分。

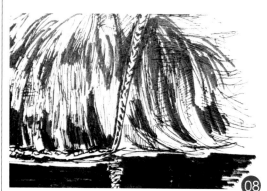

7. 加强反光处。

8. 注意桌面反光和包身形成对比。

9. 用粗细不同的线依据明暗关系加强立体感的体现。

10. 完成稿。

第十节　丝绒包

- 款式：梯形，丝绒绣花单肩背包。
- 材质：丝绒。
- 颜色：黑色。
- 风格：复古。
- 绘画工具选择：水彩、水粉、勾线笔、签字笔。

　　绘制步骤如下。

1. 先用签字笔画出线稿，注意绘制细节的位置。

2. 再用黑色的水彩画出素描关系。

3. 在局部用土黄色和柠檬黄色颜料描绘细节。

4. 用水粉白勾边，以加强表现力度。

5. 加强包身装饰的立体感，完成稿。

第十一节 帆布包

- 款式：椭圆形，单肩帆布包。
- 材质：帆布。
- 颜色：灰色和蓝色。
- 风格：休闲。
- 绘画工具选择：铅笔、马克笔、水彩、针管笔、签字笔。

  绘制步骤如下。

01

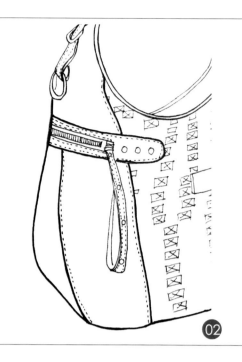

02

03

04

1. 先用铅笔画出草图，然后用针管笔勾线。

2. 注意细节的描绘，提手及装饰部位一定要勾画清楚。

3. 用灰色马克笔先画出素描关系。

4. 在灰色马克笔部分画出包身，用蓝色水彩画出中心装饰部位，红色水彩画出装饰带部分。仔细完成细节处的刻画，完成画稿。

第十二节 羽绒包

- 款式：椭圆形，手提羽绒包。
- 材质：涤纶。
- 颜色：金属灰。
- 风格：简约。
- 绘画工具选择：铅笔、水彩纸、水彩、签字笔。

绘制步骤如下。

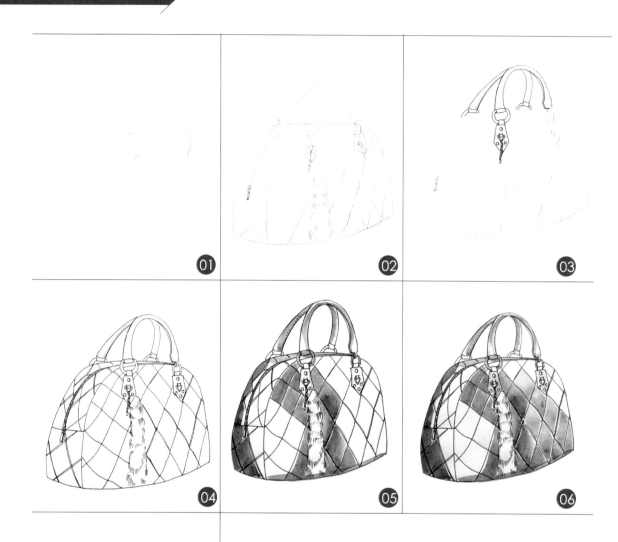

1. 先用铅笔起稿，画出轮廓造型。

2. 再仔细画出包身的格纹线和装饰。

3. 用签字笔开始勾线。

4. 勾线完成稿。

5. 从羽绒包的暗面开始着色。

6. 灰色可用黑色加水调制而成。

7. 按照包体的造型来描绘出立体感。

8. 在绘制的细节处要注意亮面、灰面和暗面的不同处理手法。

9. 在细节上还要注意金属扣襻和装饰物的绘制。

10. 完成稿。

第十三节　绣花包

- 款式：梯形，手拎式牛仔绣花包。
- 材质：牛仔刺绣。
- 颜色：宝石蓝。
- 风格：民族风格。
- 绘画工具选择：针管笔、水彩、彩色铅笔、水彩、勾线笔、签字笔。

　　绘制步骤如下。

1.画线稿，用针管笔勾线。在绘制时要注意不同包体花纹的分布与连接处。

2.用湖蓝色和黑色铅笔上第一遍颜色，从暗面开始绘制，逐渐过渡到灰面和亮面。

3.用钴蓝色上第二遍颜色，刺绣部分用彩色铅笔仔细描绘，局部可用水彩笔画。

第十四节 编织纹包

- 款式：梯形，编织纹包。
- 材质：竹编。
- 颜色：原竹色。
- 风格：休闲。
- 绘画工具选择：自动铅笔、彩色铅笔、马克笔、签字笔、针管笔、水彩。

绘制步骤如下。

1. 用绘图铅笔画出包的轮廓型。

2. 在包身上开始分割，用自动铅笔逐渐画出编织纹的痕迹。

3. 铅笔稿全部完成。

4. 用较细的针管笔开始勾线。

5. 用针管笔勾线完成，包括扣件、装饰带等部分。

6. 用水彩黑加水开始从包体的部分上色，注意明暗关系，盖子和带子部分。

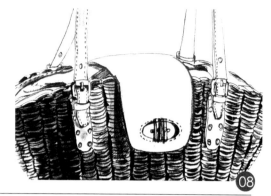

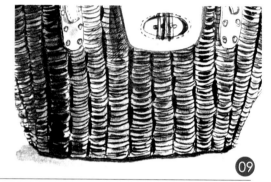

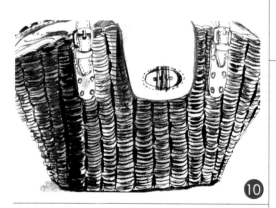

7. 上第二遍颜色进行加深。

8. 细节扣件的绘制。

9 用水彩黑加水按照明暗关系再次进行包身立体的绘制，然后用勾线笔按照编结的分割部位进行描绘。

10. 最后进行细节的再次处理。

第十五节　石头纹包

- 款式：半圆形，石头纹包。
- 材质：漆皮。
- 颜色：黑白。
- 风格：休闲。
- 绘画工具选择：铅笔、马克笔、签字笔、针管笔、水彩。

　　绘制步骤如下。

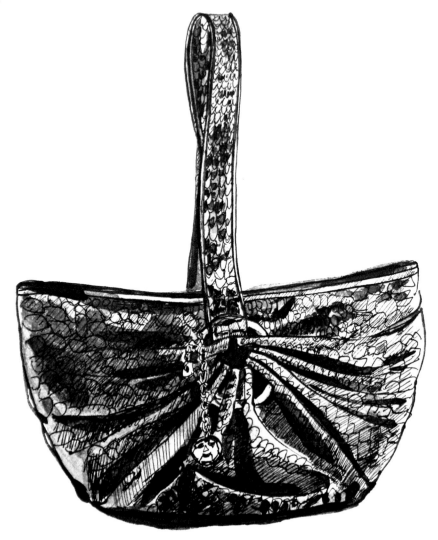

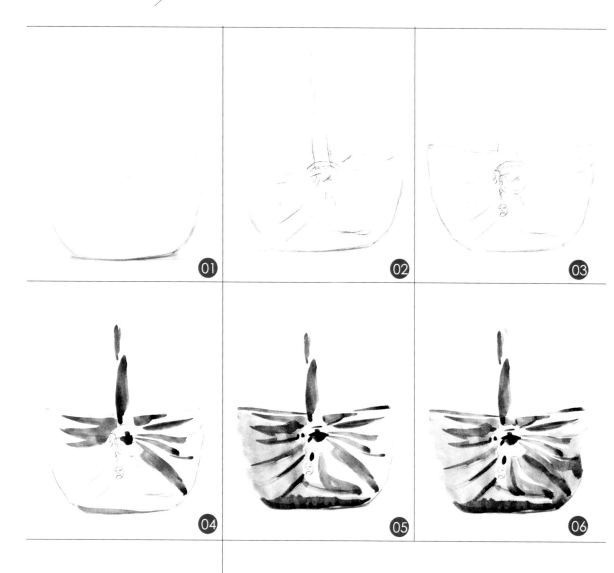

1. 先用铅笔画好包的外形。

2. 画出包身的褶皱部分。

3. 开始画包身的细节部分，铅笔稿完成。

4. 用黑色水彩颜料加水画出包的阴影部分。

5. 接着用颜料渲染暗面的灰色部分。

6. 逐渐渲染包袋的灰色部分。

7. 加强包袋的立体感。

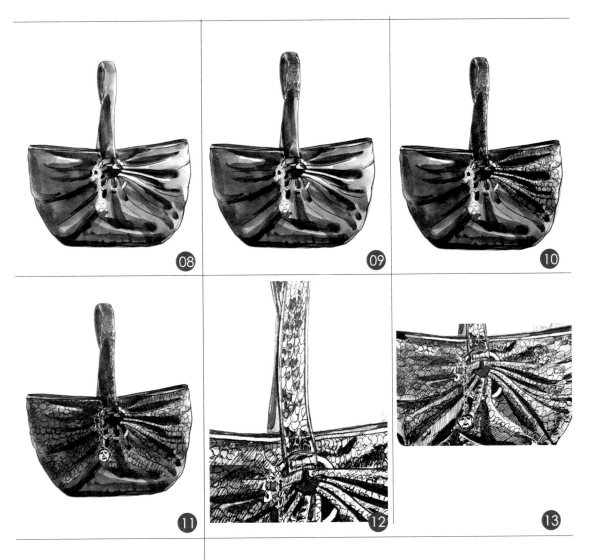

8. 整体明暗关系完成。

9. 开始从包袋提手部分刻画细节。

10. 用签字笔画出不规则的圆圈来表达石头纹的肌理变化。

11. 刻画时要注意在明暗变化不同的位置圆圈的大小要有所区别。

12. 在刻画细节处的五金配件时要加强立体感的塑造和质感的表现。

13. 细节处刻画基本完成。

14. 完成稿。

第十六节　休闲旅游灯芯绒包

• 款式：长方形，休闲旅游包。

• 材质：灯芯绒。

• 颜色：咖啡色。

• 风格：休闲。

• 绘画工具选择：铅笔、马克笔、签字笔、针管笔。

　　绘制步骤如下。

1. 用铅笔画出包体的轮廓。
2. 然后再仔细画出细节部分。
3. 用针管笔勾线完成。
4. 用熟褐色马克笔从包盖和包体的暗面开始刻画。
5. 逐渐增加刻画面积。
6. 包体部分全部完成。
7. 开始绘制包袋的提手部分。
8. 用浅棕色马克笔画装饰带的部分。
9. 拉链尾部的装饰带也要仔细刻画。
10. 细节处全部刻画完成。
11. 用浅灰色马克笔绘制五金部分，最终全部完成。

第十七节　锦缎包

- 款式：圆形，动物形锦缎包。
- 材质：锦缎。
- 颜色：黑白。
- 风格：经典。
- 绘画工具选择：铅笔、马克笔、签字笔、水彩。

绘制步骤如下。

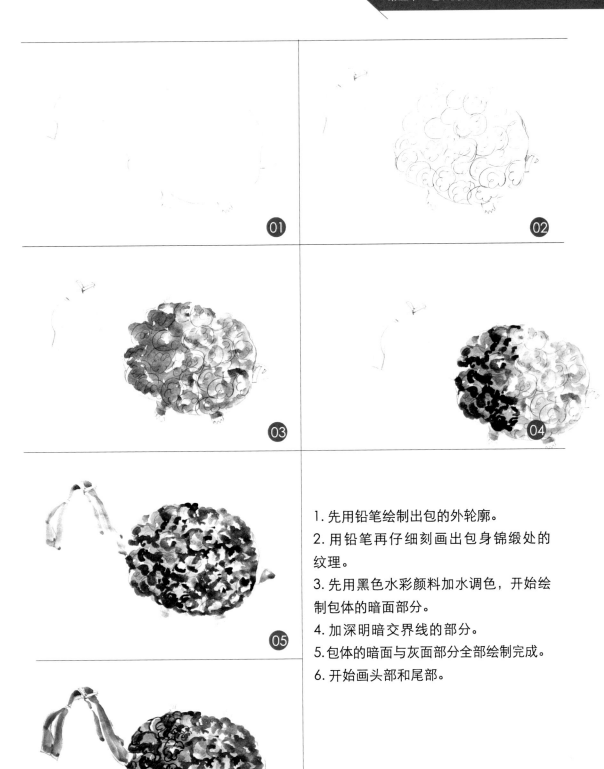

1. 先用铅笔绘制出包的外轮廓。

2. 用铅笔再仔细刻画出包身锦缎处的纹理。

3. 先用黑色水彩颜料加水调色，开始绘制包体的暗面部分。

4. 加深明暗交界线的部分。

5. 包体的暗面与灰面部分全部绘制完成。

6. 开始画头部和尾部。

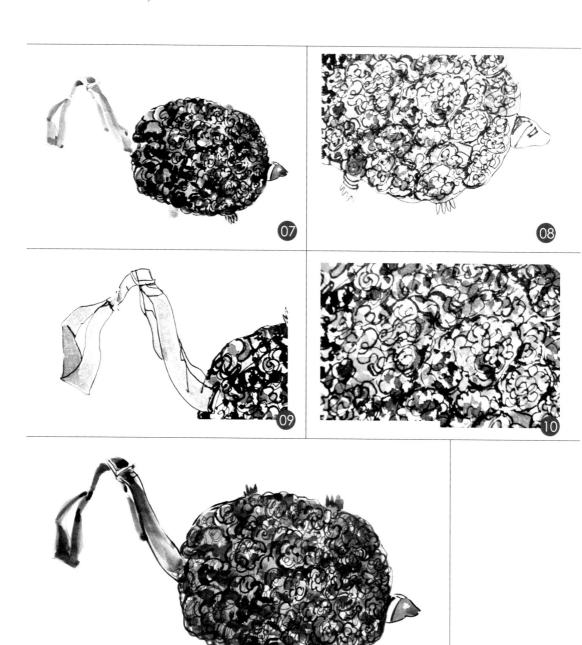

7. 用签字笔来加深包体的细节纹理。

8. 细节部分绘制时要注意锦缎的质感。

9. 尾部在刻画时笔触需干脆、简练。

10. 锦缎的面料肌理表现时要注意光泽度的体现。

11. 完成稿。

第十八节 珠光皮包

- 款式：半圆形，珠光皮女包。
- 材质：珠光皮。
- 颜色：橘红色。
- 风格：休闲。
- 绘画工具选择：铅笔、马克笔、签字笔、针管笔。

　　绘制步骤如下。

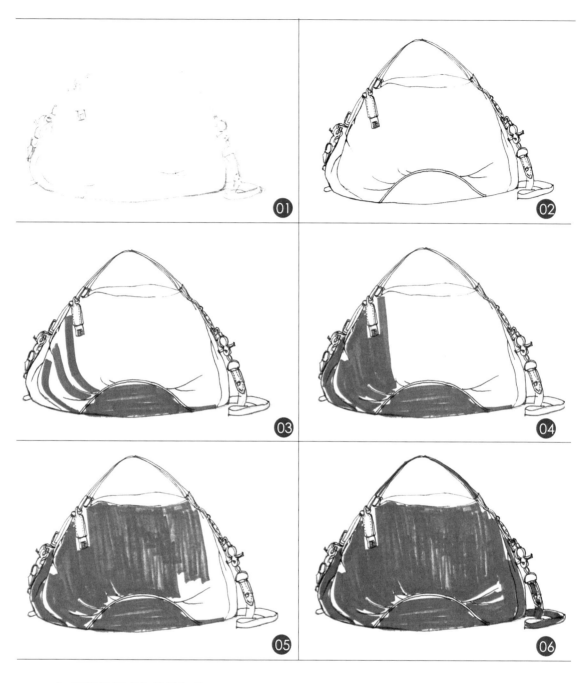

1. 用铅笔画出包袋的细节。

2. 用签字笔全部勾线。

3. 用橘红色马克笔从包体的下部及暗面开始画起。

4. 逐渐填充暗面部分。

5. 开始逐渐过渡到亮面部分。

6. 亮面部分全部刻画完成。

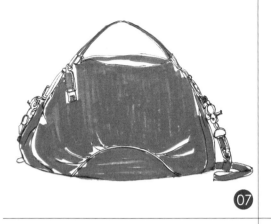

7. 用浅灰色马克笔开始画五金部分。

8. 用中黄色马克笔画包体的装饰部分。

9. 在刻画五金处时需注意明暗关系。

10. 要注意五金处的反光表现。

11. 完成稿。

第十九节　拼接皮包

- 款式：长方形，牛仔拼接休闲包。
- 材质：牛仔。
- 颜色：拼色。
- 风格：休闲。
- 绘画工具选择：马克笔、签字笔、针管笔。

　　绘制步骤如下。

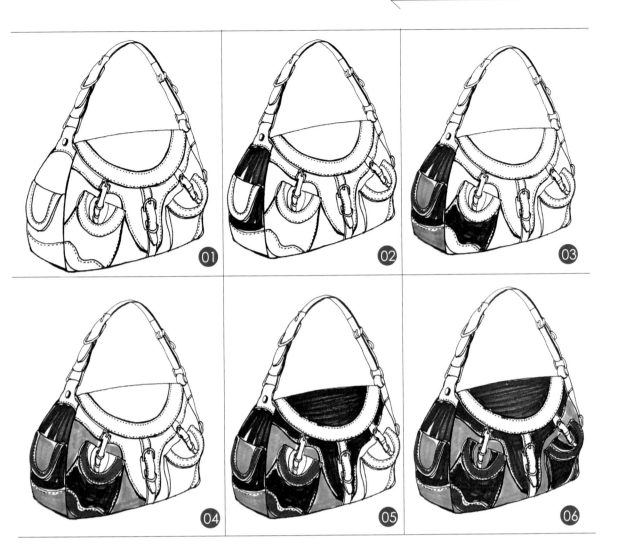

1. 用签字笔完成包体及细节的线稿。

2. 用钴蓝色马克笔从侧面开始画起。

3. 用橘黄色和大红色马克笔开始从左侧拼接皮处画起。

4. 用橘黄色和大红色马克笔从包袋左侧画出细节的大体色。

5. 用钴蓝色马克笔画包盖及包身中间的颜色。

6. 逐步完成包身色。

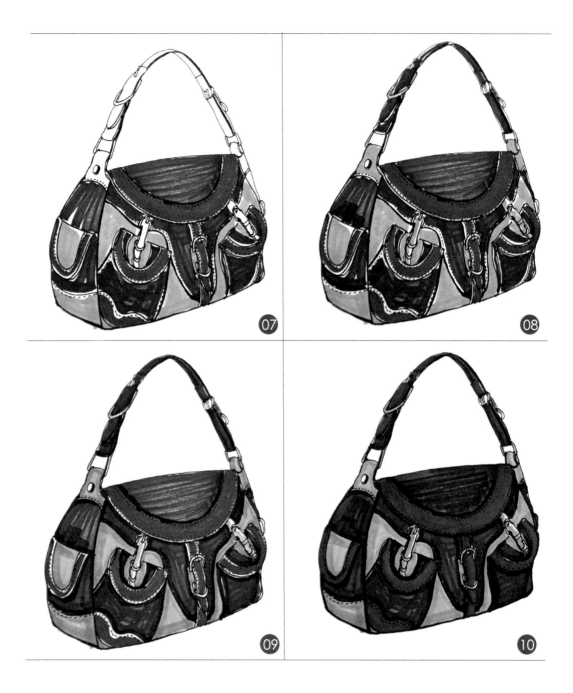

7. 包盖的装饰部位绘制完成。

8. 用钴蓝色马克笔绘制包袋的提手部分。

9. 加强五金部件的刻画，整体绘制基本完成。

10. 完成稿。

第二十节　小型单肩包

- 款式：长方形，小型单肩包。
- 材质：PU。
- 颜色：橙色。
- 风格：优雅。
- 绘画工具选择：铅笔、马克笔、签字笔、针管笔。

绘制步骤如下。

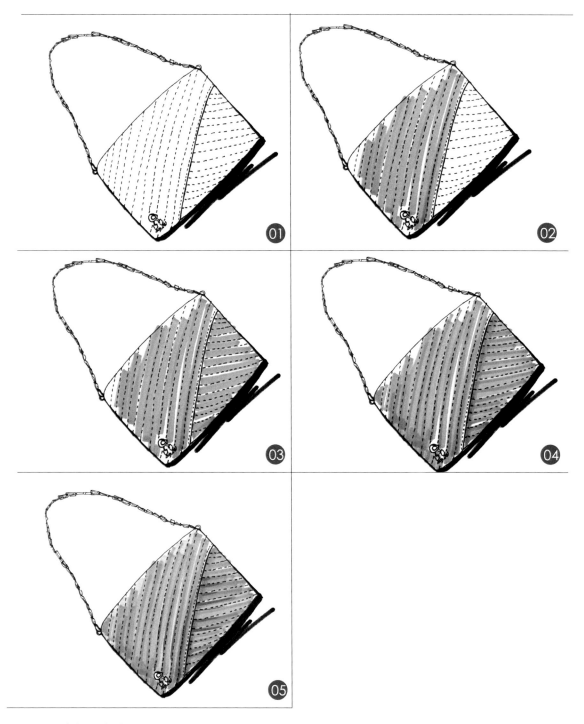

1. 线稿基本完成。

2. 用橘黄色马克笔从包面开始上色。

3. 在绘制过程中,排线时注意不要来回反复,要保证干净利落的笔触。

4. 用橘红色马克笔表现出大致的明暗关系。

5. 用灰色马克笔刻画链条部分,最终全部完成。

第二十一节　单肩水桶包

- 款式：简形，单肩水桶包。
- 材质：PU。
- 颜色：绿色。
- 风格：休闲。
- 绘画工具选择：勾线笔、油画棒、马克笔、签字笔、针管笔、水彩。

　　绘制步骤如下。

1. 用勾线笔画出包体及细节部分。

2. 用草绿色油画棒开始画包面的纹理。

3. 纹理全部完成。

4. 用翠绿色水彩颜料加水从包体的暗面处画起。

5. 包身上色全部完成，注意明暗关系。

6. 注意细节部分的绘制，如五金和装饰，最终完成。

第二十二节　女士单肩圆筒包

- 款式：圆形，女士单肩圆筒包。
- 材质：尼龙。
- 颜色：灰紫色。
- 风格：民族。
- 绘画工具选择：铅笔、马克笔、签字笔、针管笔。

　　绘制步骤如下。

1. 先画出包体外轮廓的铅笔稿。

2. 再对包体进行细节处的刻画。

3. 用针管笔勾出包体及细节部分，再用黑色马克笔画出包的阴影部分。

4. 用浅灰色马克笔画包体的底色，用大红色马克笔画出包带及包边处与蝴蝶结，再用玫瑰红色水彩笔画出装饰花纹。

5. 加深包体颜色，注意刻画细节，最终完成。

第二十三节　单肩毛绒装饰包

款式：正方形，单肩毛绒装饰包。

材质：毛皮。

颜色：黑白。

风格：休闲。

绘画工具选择：铅笔、马克笔、签字笔、针管笔。

绘制步骤如下。

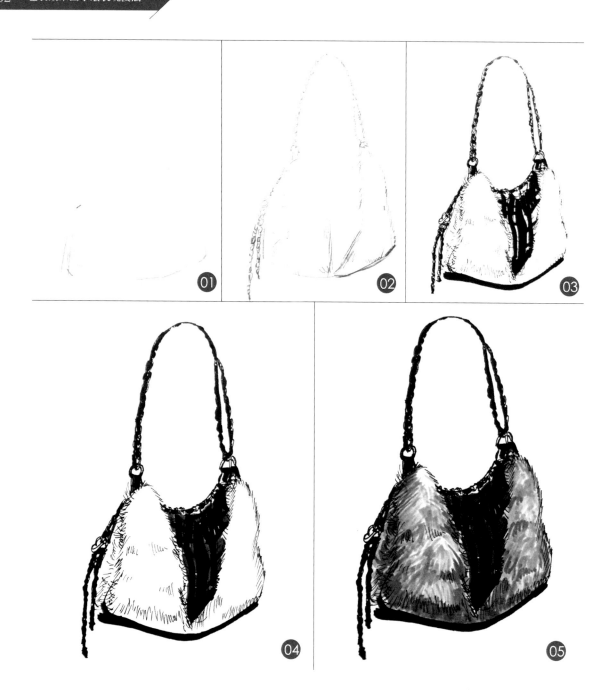

1. 用铅笔画出包袋外轮廓。
2. 逐渐绘制毛绒的细节部分。
3. 用针管笔及黑色马克笔画出包体明暗部分。
4. 仔细刻画，增强明暗立体效果。
5. 用灰色马克笔画出毛皮的质感，最终完成。

第二十四节　铆钉皮包

款式：椭圆形，铆钉皮包。

材质：皮革。

颜色：灰色。

风格：经典。

绘画工具选择：铅笔、马克笔、签字笔、针管笔。

绘制步骤如下。

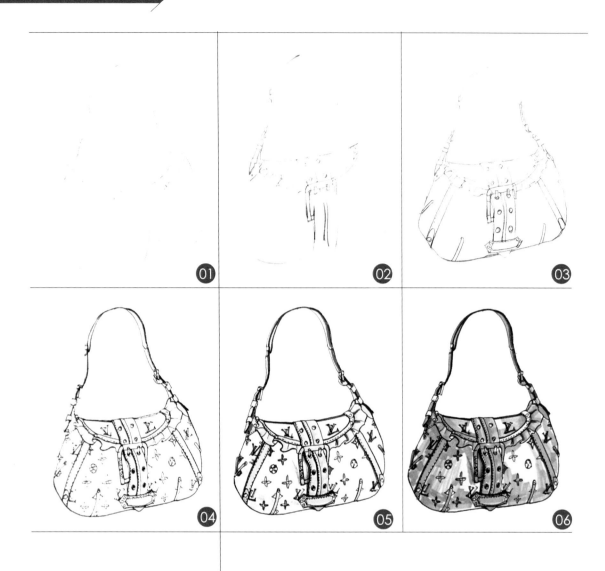

1. 先用铅笔画出包体轮廓。

2. 逐步画出包体细节部分。

3. 铅笔稿全部完成。

4. 用针管笔全部勾线，并画出包身装饰纹样。

5. 用柠檬黄色马克笔画出包带及装饰花边，再用不同颜色的马克笔画出装饰纹样的色彩。

6. 用深灰色与橘黄色马克笔加强包体及装饰的立体感，最终完成。

第二十五节 女士单肩包

款式：多边形，女士单肩包。

材质：软皮。

颜色：灰色。

风格：休闲。

绘画工具选择：铅笔、马克笔、签字笔、针管笔。

绘制步骤如下。

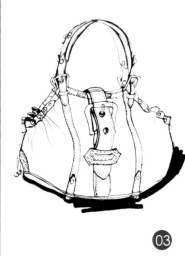

1.先用铅笔画出包体轮廓。

2.逐步刻画包体细节，铅笔稿完成。

3.有针管笔勾勒出包体及细节部分。

4.用柠檬黄色与灰色马克笔画出包体及装饰部分。

5.用深灰色与橘黄色马克笔加强包体及装饰的立体感，最终完成。

结　语

　　《包袋效果图手绘表现技法》一书终于写完了。本着一直对服饰配件专业中包袋设计的喜爱，在自己硕士研究生毕业八年之后仍然坚持着。尽管目前图书市场中对于服饰配件效果图表现的书籍种类十分繁多，但对于专门研究包袋效果图手绘表现技法的丛书还是较少。

　　本书在编写上力求将设计元素与效果图表现相互结合，同时对于当下时尚流行的包袋造型、图案、色彩、质地等方面进行分析，试图能从包袋的发展文化、设计要素、色彩表现、面料选择、风格表现等几个方面来研究。同时，书中包袋效果图的绘制原型有部分来自于时尚网站，不可避免会有一些相似性。

　　由于时间有限，书中不太完善的地方还请读者见谅。

作者于武汉

参考文献

[1] 黄燕敏.手绘手袋设计效果图 [M]，安徽，安徽美术出版社，2009.

[2] 王立新.箱包艺术设计 [M]，北京，化学工业出版社，2006.

[3] 苏洁.服饰品设计 [M]，北京，中国纺织出版社，2009.

[4] 李雪梅.现代箱包设计 [M]，重庆，西南师范大学出版社，2009.

[5] 王妮，叶洪光.手工扎染服饰设计 [M]，北京，清华大学出版社，2012.

[6] 王妮.服饰图案创意设计 [M]，重庆，西南师范大学出版社，2013.